地 球 不 能 没 有 动 物

地球
不能没有
孔雀

林育真 / 著

U0311432

山东教育出版社

昂首阔步走来了

孔雀走来的时候，不时抖一抖身后长长的尾屏，神气极了！看它那华丽的外表，再加上高贵的神态，说它是"鸟中皇后"，恐怕没人会反驳吧！

其实，图中这只身后拖着一米多长尾屏的大鸟，是一只雄孔雀。"鸟中皇后"是对它美貌的赞美。

别认错了，我才是名副其实的"皇后"呢！

雌孔雀没有漂亮的大尾屏，毛色也没有雄孔雀鲜艳。

家族与分布

孔雀是一种漂亮的大型雉鸡，它和锦鸡、原鸡、马鸡、长尾雉以及家鸡等雉鸡都属于鸡形类。

我是红腹锦鸡。我头上的丝状羽冠金灿灿的，所以又叫金鸡。

我是红原鸡，是家鸡的野生祖先！

瞧瞧我们雉鸡家族，没有最美，只有更美！

我叫蓝马鸡。"蓝"是说我身上的羽毛是蓝灰色的，"马"是形容我尾羽的形状很像下垂的马尾巴。

我叫白颈长尾雉，只生活在中国，是国家一级保护鸟类！

 注意

　　图片中这些绚丽夺目的雉鸡都是雄鸟。雌鸟从外表上来看比雄鸟逊色多了。

目前，全球共有三种孔雀——绿孔雀、蓝孔雀和刚果孔雀。前两种现多为人工繁育，是观赏鸟类。刚果孔雀1936年才被人发现和命名，比较罕见。

绿孔雀头上有一簇羽冠直挺挺地立着，脸颊上有一片标志性的鹅黄色，非常鲜艳。它的羽毛以黄绿色为主。

蓝孔雀的原产地是印度、斯里兰卡等，是印度国鸟。这种孔雀在很多国家和地区都有，被当作观赏鸟引进饲养。

绿孔雀又叫爪哇孔雀，分布在东南亚的印度尼西亚、柬埔寨、老挝、缅甸、泰国和我国云南省部分地区。

蓝孔雀的羽冠像一把宝蓝色的扇子。它身上的羽毛以宝蓝色为主。

蓝孔雀分布现状图

原产地 / 繁殖地

重新引进

刚果孔雀产于非洲中部。头顶羽冠好像一簇白色的鬃毛。

"白孔雀"不太常见，这不是新物种，而是蓝孔雀的白化变种。

黑孔雀是野生蓝孔雀的变异个体，数量非常少。印度动物园培育出了具有繁殖能力的黑孔雀。

注意

野生绿孔雀和蓝孔雀生活在亚洲的热带及亚热带丛林，刚果孔雀栖息于非洲热带雨林。以上三种孔雀，通过观察它们的面颊、头上的羽冠和身上的羽毛的颜色就能区分。

身体特征与生态习性

尽管绿孔雀和蓝孔雀是近亲，长得很像，但只要仔细看一看，就会发现它们不仅头部特征不同，在体形大小、羽毛颜色和斑纹等方面也有明显的区别。

成年绿孔雀全长 1.8-2.3 米，称得上是大型禽鸟。目前全球有绿孔雀 2 万 -3 万只，但在中国野生绿孔雀数量稀少，属于濒危物种。

蓝孔雀全长 0.9-2.3 米，雌鸟体形较小。

雌刚果孔雀的冠羽较短，身上的羽毛是红褐色的，背部的羽毛如翡翠般鲜亮，使它看起来比雄鸟还漂亮。刚果孔雀与亚洲产的孔雀长得完全不像，但是科学家经过分子生物学测定，确认刚果孔雀就是亚洲孔雀的非洲远亲。

雄刚果孔雀全长 0.6-0.7 米，像公鸡一样大，身上的羽毛是紫蓝色的，颈部露着一截鲜红的皮肤。

三种孔雀形态特征对比表

种类	体长（厘米）	体重（千克）	脸颊	羽冠	颈部	翅内侧覆羽	尾屏
绿孔雀	180-230	5-6	黄色	直立簇状	绿色鳞羽	蓝绿色	雄鸟有
蓝孔雀	90-230	4-6	白色	扇状	蓝色丝羽	深色斑纹	雄鸟有
刚果孔雀	60-70	1.2-1.5	—	白色鬃毛	红色皮肤	—	雌雄皆无

绿孔雀和蓝孔雀雄鸟的尾部都有长而绚丽的羽毛，叫作尾屏。雌孔雀长得像雄孔雀，只是没有尾屏。

一对蓝孔雀

一对绿孔雀。

雌鸟

雄鸟

来呀，比比谁更美？

别挑了，我是最帅的！

公鸡　　　　　　母鸡　　　　　　雌鸳鸯　　　雄鸳鸯

在鸟类世界中，大多数种类的雄鸟比雌鸟漂亮，这主要是因为鸟类的择偶是由雌鸟选择雄鸟。

白孔雀开屏的瞬间，就像降落凡间的白色精灵。

孔雀早上和晚上到地面觅食，中午和夜间栖息于树上。求偶开屏时多在林间空旷处或草地上。

雄孔雀对着雌孔雀卖力地打开尾屏，开始精彩的求偶表演。

雄孔雀进化出漂亮的尾屏，来争得雌孔雀的喜爱，达到繁衍的目的。

14

雄孔雀开屏时，发出嘎嘎的叫声，将尾部抬高，展开尾屏不断抖动，羽毛发出刷刷的响声，同时双脚交替踏着旋转舞步。

你的舞步好看极了！

这对孔雀喜结连理，一起散步

雌孔雀选中她喜欢的雄孔雀。

孔雀的尾屏由长长的尾上覆羽构成。不同孔雀尾屏的色调及"眼斑"的色彩有差别，但都鲜明醒目。眼斑排列有序，缀满整个尾屏。

一种猫头鹰蝶翅膀上也有鲜明的眼斑。

蓝孔雀张开的尾屏上缀有一百多个流光溢彩的眼斑，开屏后，好似眼前突然亮起一百多只"小灯泡"。如果天敌突然看见，会不敢靠近，孔雀可以趁机逃脱。

某些蛾蝶翅上也有眼斑，这些眼斑不仅仅可以吸引异性，还能吓跑天敌。

透过显微镜观察孔雀羽毛上的眼斑，会发现它由紫、蓝、黄、红、绿等多种颜色的羽丝构成，周围环绕着明亮的多彩椭圆圈，就像绸缎一样精美。

有人说看到"孔雀开屏"会交好运，这是毫无科学依据的。"开屏"是雄鸟求偶的生理现象。除了孔雀，扇尾鸽、孔雀雉和琴鸟等鸟类的雄鸟也会开屏。

瞧瞧我也有"尾屏"！

不开屏的我也很帅。

雄性扇尾鸽翘起并展开它的尾羽，这就是它的"尾屏"了。这个扇形的小尾屏也可以帮助它吸引异性哦！

灰孔雀雉是我国一级保护动物。

我开的屏跟孔雀的差很多吗?

菲律宾孔雀雉的尾屏也有眼斑。

琴鸟是产于澳大利亚的雀形目古老鸟类。它的尾羽非常发达,外侧的两根尾羽长达70厘米,十分罕见。雄鸟求偶时展开的尾羽很像古希腊的七弦竖琴,所以叫琴鸟。

雌孔雀总是选择自己认为最好看的雄孔雀结为伴侣。这一择偶标准，使雄孔雀的尾屏进化得越来越大，也越来越艳丽。

孔雀背上的羽毛像鱼鳞，闪耀着金属光泽，这在鸟类中绝无仅有。

想看孔雀开屏，应选在孔雀的繁殖季节去观赏。孔雀每年换一次羽毛，入秋后旧的羽毛脱落，新的羽毛逐渐长出，等到来年春天新的羽毛生长丰满才能再度开屏。所以，如果在孔雀换羽毛的时候想看开屏，运气再好也看不到。

换羽毛的季节到了，雄孔雀的尾屏变得又短又乱。

这只蓝孔雀尾屏上的旧羽毛几乎掉光了。孔雀换羽是正常生理现象，不要紧张，会再长出来的！

孔雀喜爱群居生活，雄孔雀常常和几只雌孔雀一起寻找食物。在同一处林地休息时，雄孔雀会时不时开屏，吸引雌孔雀的注意。

雌孔雀结伴觅食。

野生孔雀通常 5-10 只结成小群，一起觅食。人工养殖时只要场地够大，可能出现由几十只蓝孔雀组成的大群。

灌木上的嫩叶和幼芽真好吃啊！

野生孔雀不挑食，既喜欢吃树木果实、灌木嫩芽和种子，也喜欢吃昆虫、蠕虫、青蛙和蜥蜴等小型动物。饲养孔雀时可以给它喂食玉米、小麦、麸糠及多种新鲜蔬菜，适当加喂骨粉、鱼粉、动物性蛋白、维生素和微量元素等。

公鸡的距

环颈雉的距

注意

雄孔雀脚趾上方有发达的"距"。

鸟足上的距

长在雄鸟小腿后部的一个角质趾状结构，又硬又尖，是雄鸟自卫和争斗时的武器。

天敌与朋友

孔雀生活在热带和亚热带丛林，那里还有很多孔雀的朋友和天敌。老虎、花豹和亚洲黑熊等是孔雀的天敌，会攻击甚至吃掉孔雀；犀牛和犀鸟等是孔雀的朋友，它们以鸣叫声报警，互相帮助。

老虎通常捕食个头比较大的野猪、鹿等等，饥饿时也会捕食孔雀。

花豹善于爬树，常悄悄隐蔽在树上捕捉猴类，也捕食孔雀等鸟类。

印度犀属于独角犀牛，食草，独来独往。它胆子很小，一发现异常的动静会立即逃跑，这等于给孔雀报警了。

大犀鸟发现敌情时能发出响亮的叫声。它和孔雀会互相提醒，保障安全。

热带丛林有很多蛇类。成年孔雀不怕小草蛇或游蛇，它能用强健的脚爪踩踏蛇，再用坚硬的喙将蛇啄死并吃掉，但孔雀害怕被大蟒蛇绞杀和吞食。

黑熊平时主要吃植物，孔雀和孔雀蛋是它们偶尔吃的营养餐。

不要以为羽色鲜艳的野生孔雀很不安全，由于它们生活在植物种类繁多、缤纷多彩的热带森林中，阳光透过枝叶缝隙化为五彩光斑，孔雀羽色和生境完美契合，不易被发现。

你能发现藏在枝叶中的孔雀吗？

你看不见我！

冒着暴露自己的风险，雄孔雀也要开屏。

孔雀块头大、不善飞，还拖着超级长的尾巴，遇到天敌时很难迅速逃离，所以它们警惕性很高。一有风吹草动，雄孔雀会立即高声报警，通知其他同伴逃离险境。

有情况，快跑哇！

孔雀察觉到危险时，大步流星地逃命。

大大的尾屏成了孔雀飞翔时的沉重负担。每次起飞孔雀都要费九牛二虎之力。

孔雀只有在迫不得已的时候才会飞。厚厚的翅膀加上大而沉重的尾屏，使孔雀飞翔时速度慢且不灵活。它们只有从高处向低处滑翔时，才能飞得比较快。

养育宝宝

孔雀配对后，雌鸟在草丛中做窝产蛋，每个生殖季产 5-8 个蛋。雌孔雀孵蛋 28-30 天后，幼鸟出壳。新生孔雀只有一个网球那么大。雄孔雀出生后第三个年头，尾屏才能长成，才能开屏求偶，和成熟的雌孔雀配对。

雌孔雀会用喙轻触伴侣来表达爱意。

野生孔雀生活在气候温暖的地方，它们筑窝比较简陋，只需在地面上挖出个坑，铺点儿杂草、树叶和羽毛，就算搭建完成了。对于孔雀宝宝来说，这样的窝已经能提供足够的庇护了。

三岁之前的雄孔雀还没有长出尾屏。

孔雀宝宝喜欢躲在妈妈的羽翼下。

孔雀妈妈带领、照管自己的子女。第一年幼孔雀无论雌雄，模样都和妈妈相似。

孔雀是吉祥、华贵的象征。绿孔雀是中国唯一一种原生孔雀，过去我国南方许多林区都有绿孔雀，但随着栖息地遭破坏和屡禁不止的偷猎，目前野生绿孔雀已处于濒临灭绝的境地。保护绿孔雀，刻不容缓！

守护孔雀，守护我们心中对美的向往！

亲爱的小朋友们，我是科普奶奶林育真，如果你有关于动物生态的问题，找我就对了！

很高兴认识你们！这套《地球不能没有动物》系列科普书是我专门为小朋友创作的"科"字当头的动物科普书，尽力融科学性、知识性和趣味性为一体。

书中有百张震撼高清大图。

全方位展现野生动物世界，配游戏贴纸。

读完这本书，希望你至少记住以下科学知识点：

1. 孔雀是雉鸡家族最大最美的成员。

2. 正确辨别绿孔雀、蓝孔雀、白孔雀、黑孔雀和刚果孔雀。

3. 雄刚果孔雀没有尾屏，但是它也属于孔雀家族。

4. 由于栖息地萎缩和偷猎滥捕，野生绿孔雀数量剧减，处于极危，被列为我国国家一级保护鸟类。

保护孔雀我们应该做的：

1. 积极参与保护绿孔雀的公益活动。

2. 认真向同学和亲友宣传，保护拯救绿孔雀意义重大，刻不容缓。

3. 到动物园、自然保护区或国家公园去观赏孔雀，要遵守规则，尊重动物，不乱投喂食物，不惊吓动物。

地球不能没有孔雀！

图书在版编目（CIP）数据

地球不能没有孔雀 / 林育真著. —济南：山东教育出版社，
2020.7
　（地球不能没有动物）
　ISBN　978-7-5701-1037-7

　Ⅰ.①地…　Ⅱ.①林…　Ⅲ.①孔雀属 – 普及读物
Ⅳ.① Q959.7-49

　中国版本图书馆 CIP 数据核字（2020）第 058102 号

责任编辑：周易之　顾思嘉
责任校对：舒　心
装帧设计：儿童洁　东道书艺图文设计部
内文插图：李　勇

地球不能没有孔雀
DIQIU BU NENG MEIYOU KONGQUE

林育真　著
主管单位：山东出版传媒股份有限公司
出 版 人：刘东杰
出版发行：山东教育出版社
地　　址：济南市纬一路321号　　邮编：250001
电　　话：（0531）82092660
网　　址：www.sjs.com.cn
印　　刷：山东临沂新华印刷物流集团有限责任公司
版　　次：2020年7月第1版
印　　次：2020年7月第1次印刷
开　　本：889mm×1194mm　1/12
印　　张：3
印　　数：1-8000
字　　数：30千
定　　价：25.00元
审 图 号：GS（2020）3304号

（如印装质量有问题，请与印刷厂联系调换。）
印厂电话: 0539-2925659

中国林蛙

驼鹿

果子狸

暹罗鳄

梅花鹿

非洲鸵鸟

蝎子

绿头鸭

黄猄蚁

蜈蚣

虎皮鹦鹉

巴西龟